平安就是福

安身立命的哲学

南怀瑾 讲述

南怀瑾文教基金会 编

东方出版社
The Oriental Press

图书在版编目（CIP）数据

平安就是福：南怀瑾人生日课．平安就是福：安身立命的哲学 / 南怀瑾讲述．— 北京：东方出版社，2024.1
ISBN 978-7-5207-3433-2

Ⅰ．①平… Ⅱ．①南… Ⅲ．①南怀瑾（1918-2012）－人生哲学－通俗读物 Ⅳ．① B821-49

中国国家版本馆 CIP 数据核字 (2023) 第 168581 号

平安就是福：南怀瑾人生日课
平安就是福：安身立命的哲学

南怀瑾　讲述

责任编辑：刘天骥　张莉娟
责任审校：曾庆全
装帧设计：陈韵佳
出　　版：东方出版社
发　　行：人民东方出版传媒有限公司
地　　址：北京市东城区朝阳门内大街 166 号
邮　　编：100010
印　　刷：北京启航东方印刷有限公司
版　　次：2024 年 1 月第 1 版
印　　次：2024 年 1 月第 2 次印刷
开　　本：787 毫米 ×1092 毫米　1/32
印　　张：18.5
字　　数：100 千字
书　　号：ISBN 978-7-5207-3433-2
定　　价：138.00 元（全四册）
发行电话：（010）85924663　85924644　85924641

版权所有，违者必究
如有印装质量问题，我社负责调换，请拨打电话：（010）85924602 85924603

目 录

平安就是福：
安身立命的哲学

平安

第 1 则 安身立命	01
第 2 则 生存与生活	02
第 3 则 平淡	03
第 4 则 立脚点	05
第 5 则 大富	07
第 6 则 五福临门	09
第 7 则 保合太和	12
第 8 则 知足不辱	14
第 9 则 人生平安 就是福气	15
第 10 则 存乎德行	16

第 11 则 疾风知劲草 板荡识忠臣	18
第 12 则 赤子之心	19
第 13 则 《正气歌》	20
第 14 则 平常就是道	21
第 15 则 投隙抵时 应事无方	23
第 16 则 天道好还	26
第 17 则 祸福相依	27
第 18 则 小富由勤 大富由命	28
第 19 则 君道与国共存亡 臣节尽忠死国事	30

第 20 则 尊德乐义	31	第 32 则 道在哪里	49
第 21 则 发乎情，止乎礼	32	第 33 则 浮生若梦	51
第 22 则 境界	33	第 34 则 日日新	54
第 23 则 大白若辱	34	第 35 则 未济的人生	55
第 24 则 不如意事常八九 可与人言无二三	36	第 36 则 先存诸己 后存诸人	56
第 25 则 名利之道要看通	38	第 37 则 但留方寸地 传与子孙耕	57
第 26 则 反省自己	40	第 38 则 中国文化的 精神与状态	58
第 27 则 用人所长	41	第 39 则 侠义精神	60
第 28 则 不要在人家看见时 才做好事	43	第 40 则 笨	61
第 29 则 人到无求品自高	44	第 41 则 沉默寡言	62
第 30 则 蓬生麻中 不扶自直	45	第 42 则 千秋的事业	63
第 31 则 多难兴邦 忧患兴家	48	第 43 则 守本分	64

第 44 则　67
刚柔始交而难生

第 45 则　68
儒家的品性
佛家的理性
道家的工夫

第 46 则　70
生命的本来

第 47 则　71
气质的转化

第 48 则　73
卓尔不群

第 49 则　74
唯大英雄能本色

第 50 则　75
立身　出处　品格

第 51 则　78
穷不失义
达不离道

第 52 则　80
穷则独善其身
达则兼善天下

第 53 则　82
天爵与人爵

第 54 则　85
三省吾身

第 55 则　87
有之以为利
无之以为用

第 56 则　89
正己而后正人

第 57 则　90
静以修身
俭以养德

第 58 则　91
具见

第 59 则　93
真正的自己

第 60 则　94
数典忘祖

第 61 则　95
善行

第 62 则　96
性天自有风月

第 63 则　98
不怨天，不尤人

第 64 则　99
克念

第 65 则　100
强恕

第 66 则　102
青年多读古书

第 67 则　103
事业与职业

第 68 则　105
诚

第 69 则 人能常清静 天地悉皆归	107
第 70 则 诸恶莫作 众善奉行	108
第 71 则 东方文化的结晶	110
第 72 则 职业教育	111
第 73 则 只生欢喜不生愁	112
第 74 则 横渠四句	114
第 75 则 时与位	116
第 76 则 管理自己	119
第 77 则 谋道不谋食 忧道不忧贫	120
第 78 则 毋不敬，俨若思	121
第 79 则 读书志在圣贤 为官心存君国	123
第 80 则 古之学者为己 今之学者为人	124
第 81 则 独立而不移	125
第 82 则 观今宜鉴古 无古不成今	127
第 83 则 仕而优则学 学而优则仕	128
第 84 则 学问深时意气平	130
第 85 则 财聚人散	132
第 86 则 人无远虑 必有近忧	134
第 87 则 诸葛一生唯谨慎 吕端大事不糊涂	135
第 88 则 相忘于江湖	137
第 89 则 毋必	138
第 90 则 以出世的精神 做入世的事业	141
第 91 则 万事不执著	142

第 92 则   143
良田千顷
不如一技在身

第 93 则   144
水利万物而不争

第 94 则   145
求缺

第 95 则   147
名利本为浮世重
古今能有几人抛

第 96 则   149
为你之所用
非你之所有

第 97 则   151
知止不殆

第 98 则   152
藏器于身
待时而动

第 99 则   153
成大事者话不多

第 100 则   154
能受天磨真铁汉

第 101 则   156
快乐痛苦皆无住

第 102 则   158
柔

第 103 则   159
变

第 104 则   160
做人的艺术

第 105 则   161
享受寂寞

第 106 则   162
清福

第 107 则   164
乐天知命

安身立命 ◀001

我跟诸位生长的时代不同,所以看法有差别,思想有差别,教育有差别,文化也有差别。这个时代的差别,一个老头子希望大家要认识自己的文化,又要与西方科技文化配合,才能了解如何能得到修养。有修养要干什么?四个字,"安身立命",身心能平安,看通一切,看明白一切,安身立命。

——《廿一世纪初的前言后语》

生存与生活

其实生命活着是生存问题,再其次是生活的问题,现在全世界人类在这个科技文明的社会里生存,在全世界受经济、金融影响的环境中活着,大家只为了生活忘记了生存,生存的意义和生活的意义完全不同。

你们诸位担心的,也是和我们担心的一样,你们诸位都是为人类生活的问题而担心,再进一步是为人类社会、国家之间的生存而担心。但是全世界人类在今天的文化思想方面,完全是个空白,忘记了生存的意义,忘记了生命的价值,想再进一步讲生命的目的,那就是个大问题了。

——《南怀瑾与彼得·圣吉》

平淡

　　学问最难是平淡，安于平淡的人，什么事业都可以做。因为他不会被事业所困扰，这个话怎么说呢？安于平淡的人，今天发了财，他不会觉得自己钱多了而弄得睡不着觉；如果穷了，也不会觉得穷，不会感到钱对他的威胁。所以安心是最难。

——《论语别裁》

立脚点

一个人立身处世,要有一个立脚点。以现代的观念来说,一个年轻人,要先建立自己的人生观,知道自己要做什么。

年轻人一生有没有事业,不是问题;一生有没有事业心,才是问题。虽然有事业心,不一定能够做得成事业;但是如果没有事业心,就如同已经被丢进字纸篓的考卷一样,这个年轻人几乎是报废了。

事业心的基础在于仁心,一个人如果没有救人救世之心,在思想上就没有建立一个中心。即使事业做得再大,百年之后,也只是黄土一堆。

宋代名臣范仲淹曾说:"不为良相,即为良医",他就有救人救世之心,也就是孙中山先生说的"立大志,做大事,不是做大官",

这都是同样的道理。

——《孟子旁通》（下·离娄篇）

大富

◀ 005

大家要注意,《易经》所谓的"崇高莫大乎富贵",不是指我们现在所说的富贵。譬如说一个人学问好,这是他知识上的富,这不是金钱所能买得来的,你再有钱也买不到,没有办法。他的道德高,也不是用金钱买来的。所以"富贵"两个字大家要先搞清楚。这里所谓的富贵,是广义的,不是指狭义的财富和做官而言,因此说最崇高伟大的是富与贵。一个人充实到某一个程度就是大富,大富当然是贵重的、值钱的,是无价之宝了。

懂得了这个道理,所以"备物致用"。具备了万物,但这并不是说我富贵了,家里边什么东西都有,才叫作"备物"。备物是真正达到了大富贵,世界万物皆备于我,是本有的,因为我们

本体里具备了万物，具备了万物而能够起用。"立成器以为天下利"……要能对百万人有利才是"备物"、才是"富贵"、才是"立成器以为天下利"，才算是万物皆备于我。然后建立一样有用的东西——就像科学家发明一样于万民有利的东西一样，这就是事业。它可以使天下万代后人都得到你的利益，这也就是功德。

——《易经系传别讲》

五福临门 ◀006

《洪范》里头提到五福,你看我们过年时大家门口写的"五福临门",我们都会写,但是都没有去研究它。五福是"寿、富、康宁、攸好德、考终命"。五福里头很怪,言富而不言贵,贵并不算福气!有钞票,有钱就是富,所以我们中国文字很怪,富贵富贵,富了就贵,不是贵富贵富。你说你地位高,很贵啊!没得钱,做个清官,退休了以后连饭也吃不起,那可不是福气啊!所以有钱,富了就贵。那么这个富呢?如果讲中国文化,真正的哲学,富又分两种,钱财富有谓之富;学问好、道德好、精神修养高也是财富。这个里头有分类了,所以研究我们自己的文化哲学,这个思想要搞清楚啊!对于自己的祖先保留的书籍真是要多读了。

——《列子臆说》

安身立命的哲学

保合太和 ◂007

懂了《易经》，自己就晓得修养，自己调整性与命，使它就正位。思想用得太过了妨碍了性，身体太过劳动，就妨碍了命，这两个要中和起来，所以各正性命，于是"保合太和"。中国人道家佛家打坐，就是这四个字，亦即是"持盈保泰"。

所谓"持盈"，有如一杯水刚刚满了，就保持这个刚满的水平线，不加亦不减，加一滴则溢出来了，减一滴则不足。所谓"保泰"，当最舒泰的时候要保和了……所以打坐的原理就是保合太和，把心身两方面放平静，永远是祥和，摆正常，像天平一样，不要一边高一边低，政治的原理，人生的原理，都是如此。孔子就告诉我们，"乾道变化，各正性命，保合太和，

乃利贞。"什么是大吉大利？要保合太和啊！

——《易经杂说》

知足不辱　　　◀ 008

　　人生什么才是福气。"知足不辱",真正的福气没有标准,福气只有一个自我的标准,自我的满足。今天天气很热,一杯冰淇淋下肚,凉面半碗,然后坐在树荫底下,把上身衣服脱光了,一把扇子摇两下,好舒服!那个时候比冷气、电风扇什么的都痛快。那是人生知足的享受,所以要把握现实。现实的享受就是真享受,如果坐在这里,脑子什么都不想,人很清醒,既无欢喜也无痛苦,就是定境最舒服的享受。

——《老子他说(初续合集)》

人生平安就是福气　◁009

一个重要的原则，尤其是在政治哲学上，如果想立功创业，就要注意"其安易持"这一点。这是什么意思呢？是说平常的事情，如果要继续保持平常是非常难的。所以十多年来，我给人写信，最后的祝福语都是写"恭祝平安"。人生最难得是平安，人生平安就是福气。

古人说："百年三万六千日，不在愁中即病中"，人的一生，不是烦恼愁苦就是生病，今天感冒，明天腿痛抽筋，都在生病。所以平安最难，永远保持平安前进是最困难的，真能保持平安，才能保持长久。

——《老子他说（初续合集）》

存乎德行

最后的胜利是道德的行为,不是手段。手段没有用,用手段最后还是要吃亏的。要想真成功,"存乎德行"才是根本。

——《易经系传别讲》

忙里偷闲喝杯茶去
苦中作乐放下心來
老拙

疾风知劲草
板荡识忠臣

◀ 011

　　人生要在最后看结论，人要在艰难困苦中才看得到他的人格，平常看不出来。如文天祥就是一个例子，国家无事时，他是一个风流才子，谁看得出他后来竟是一个如此坚贞而正气浩然的人。所以古人说"疾风知劲草，板荡识忠臣"。大风来了，所有的草都倒下去，只有山顶上有一种草，可以做药用的，台湾也可看到，名叫"独活"，在海拔很高的地方，所有草都不生长，只有这种草生长，所以叫"独活"，就是劲草，大风都吹不倒。时代的大风浪来临时，人格还是挺然不动摇，不受物质环境影响，不因社会时代不同而变动。国家一乱，就看到了忠臣，也就是孔子说的"岁寒，然后知松柏之后凋也"。

——《论语别裁》

赤子之心 ◀012

所谓"赤子之心"并不是指长得大或长不大，而是指永远保持干净、纯洁、诚恳、少爱憎、少恩怨、仁慈、爱物的心理。

——《孟子旁通》（下·离娄篇）

《正气歌》　　◀013

　　只要持心正气,一切的苦难都会过去,传染病都不会上身了。有些学佛学道的朋友常常问念什么经、什么咒可以消灾免难、驱邪避鬼,我说最好是念文天祥的《正气歌》。可惜大家听了都不大相信,我也无可奈何!至于后世道家的咒语,便有一个根本的咒语《金光咒》,起首就是"天地玄宗,万气本根",也可以说是从《正气歌》中套出来的。

　　　　　　　——《孟子旁通》(中·公孙丑篇)

平常就是道 ◀ 014

　　平常就是道,最平凡的时候是最高的,真正的真理是在最平凡之间。真正仙佛的境界,是在最平常的事物上。所以真正的人道完成,也就是出世、圣人之道的完成。

——《金刚经说什么》

平安就是福

投隙抵时
应事无方

◁ 015

"投隙抵时，应事无方"，这八个字要紧得很啊！你懂了以后一生妙用无穷，包你不会饿饭，随便哪里都可以找到工作，大的大做，小的小做。"投隙"，隙就是有空隙的地方，你说你是个博士到处找不到工作，现在为了吃饭，有个地方需要一个工友，这个地方有这个空隙你就来。不要说我是什么博士啊！问你学历，只说我小学毕业，工友的事情我少年时候都做过。问你认不认得字啊？大字认得几个，小字不认得，因为目的是来做工友，要工作啊！在战争的时代，到了外地，人生地不熟，要解决吃饭问题嘛！如果说自己学问怎么了不起，你完了，那你只有两只脚刖掉，或者被人家宫刑。天下任何事总有一个空隙，要把

握那个空隙去应用。"抵时",掌握住那个时间,就是跟人家讲一句话也要找时间。常常有些同学来找我,看到我正忙的时候,他也不管三七二十一,老师啊!我有事给你讲。我说,我这里正忙,你等一下。这就是不晓得"抵时"嘛!那个时间不对,再搞不好只有挨骂的份了。"投隙抵时",万事都有它的空隙,在那个空隙里头就是你的天地,能建立你的事业,所以要把握那个原则。

"应事无方",在世界上做人做事,没有呆定的方法,也没有呆定的方向,也没有呆定的原则。像有时候跟年轻同学一谈,哎呀!我是学工商管理的,以我的工商管理看……他贡献了很多的意见。我说你给我上的课听完了,对不起,你讲的那些我都懂,我这里都用不上。他这个是呆板,自己设一个方位看天下事,也就是职业病了。你跑到一个工厂里头,大家都在忙、在做工的时候,你说我是学心理学的,给你们讲心理学,那不是疯子吗?那个时候是不能讲心理学的,那时要做工耶!一分一秒都是钱耶!所以要懂这个道理,发挥起来很多。

——《列子臆说》

天道好还

◀016

万事有因必有果,有失必有得,得与失,成功与失败,这个里边有"还报"的道理,就是回转来的道理,也就是老子说的"天道好还"。什么叫好还?你付出了些什么,就回转来些什么;你怎么对人,回来的是什么就知道了。你说这个人对自己不好,大概自己付出的也就是这个样子吧!天道好还,本来就是如此。所以一切应该求之于己,反求诸己而已!

——《易经系传别讲》

祸福相依 ◀017

"祸兮福之所倚,福兮祸之所伏",有时候你发了财,很得意,这是好运气了;但是因为你发了财,好运气,会出别的不好的事情。有时候你说我现在很倒霉,到处都吃瘪,算不定好运气在后头,所以祸福是相倚伏的。总而言之,正心、诚意、修身为本。

——《列子臆说》

小富由勤
大富由命

中国人的老话："小富由勤，大富由命。"发小财、能节省、勤劳、肯去做，没有不富的；既懒惰，又不节省，永远富不了。大富大到什么程度很难说，但大富的确由命。我们从生活中体会，发财有时候也很容易；但当没钱时一块钱都难，所以中国人说一分钱逼死英雄汉，古人的诗说："美人买笑千金易，壮士穷途一饭难。"在穷的时候，真的一碗饭的问题都难解决。但到了饱得吃不下去的时候，每餐饭都有三几处应酬，那又太容易。

——《论语别裁》

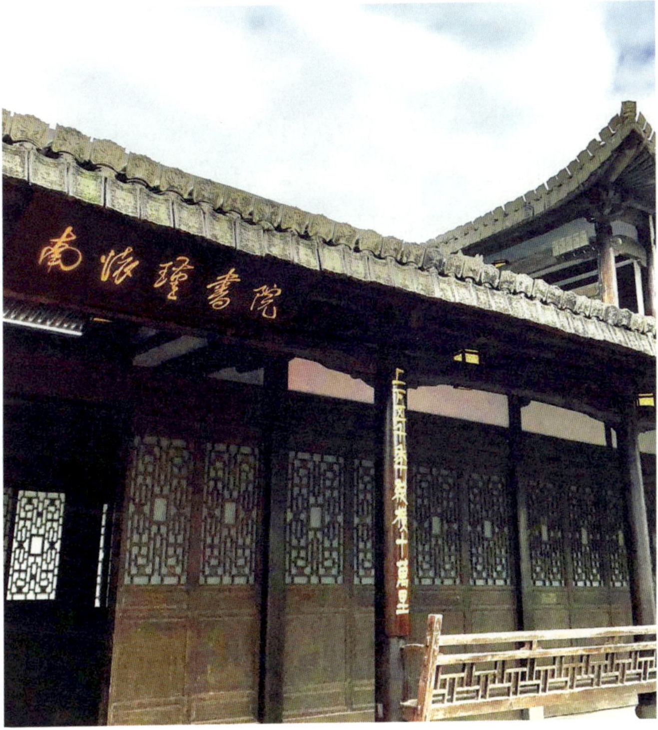

君道与国共存亡
臣节尽忠死国事

◀ 019

在中国文化政治哲学的传统道德中,过去的历史上,"君道与国共存亡,臣节尽忠死国事",这是不易的原则。自三代以后,春秋以下,无论君主政体与否,这个民族文化、民族教育的基本精神,是始终不变的。

这是中国文化特有精神之所长,关系一个民族国家,立国立基的根本精神所在,不能不加注意,应该大书而特书的。

——《孟子旁通》(上·梁惠王篇)

尊德乐义

020

一个人活在这世间，如果自己身心不健全，"百年三万六千日，不在愁中即病中"，叫他"嚣嚣"，也潇洒不起来。再说真有德性修养的人，自有高尚品德的自尊心，能"尊德"，所作所为，都能够好善、反省，能"心不负人，面无惭色"，胸襟开朗，对得起天地鬼神。这就是"尊德乐义"，这样才可以"嚣嚣矣"，才可以真的逍遥自在了！

——《孟子旁通》（中·尽心篇）

发乎情
止乎礼

孔子认为"关关雎鸠"男女之间的爱,老实讲也有"性非罪"的意思在其中。性的本身不是罪恶,性本身的冲动是天然的,理智虽教性不要冲动,结果生命有这个动力冲动了。不过性的行为如果不作理智的处理,这个行为就构成了罪恶。大家试着研究一下,这个道理对不对?性的本质并不是罪恶,"饮食男女,人之大欲存焉"。只要生命存在,就一定有这个大欲。但处理它的行为如果不对,就是罪恶。中国人素来对于性、情及爱的处理,有一个原则的,就是所谓"发乎情,止乎礼"。现在观念来说,就是心理的、生理的感情冲动,要在行为上止于礼。只要合理,就不会成为罪恶,所以孔子说《关雎》乐而不淫。

——《论语别裁》

境界

一个人修道,或者读书,一步有一步的不同境界。像一个学艺术的人,今天有了一个新的灵感,或者画一张画,特别有一种心得,就是有他的境界。一个做水泥工的,今天突然一砖头下去,用水泥一抹,特别平,心里头很舒服,原来这样砌才好,这是他做水泥工时候的境界。所以,境界包含一切境界,修道人有一分的成就,境界就有一分的不同,有两分的成就,就有两分的不同。换句话说,人修持到了某一种境界,人生的境界就开朗到某一种程度。

至于我们没有修道的人,有什么境界呢?也有境界,就是一切众生所有的苦恼境界。如古人诗中所讲的:"百年三万六千日,不在愁中即病中。"

——《金刚经说什么》

大白若辱

◀ 023

对人下一个定论很难,尤其读多了历史,更觉得在爱恶是非之间,是很难对人下断语的。所以老子告诉我们"大白若辱",青年人了解这个道理,要做一番事业,就要忍得住。佛学有个名称,叫作"忍辱",人能够忍得住才行。因为一个人要做一番真正对国家社会有贡献的事业,其间被人误解,以及各方面的坏话,最难听最痛苦的,你都要受得了;受不了这个辱,就不必指望成功。

——《老子他说(初续合集)》

安身立命的哲学

不如意事常八九
可与人言无二三

一个人活在这个社会上,都想自己名声好,成就高,一路春风得意,但那是不可能的。一个真正有道的人,处在这个社会,常有很多的委屈、侮辱、痛苦,没有办法向人诉苦,只有自己挑起来。所以我也常告诉大家,有一副古人的对联很好,"十有九输天下事,百无一可意中人",人生的境界,十次有九次是输的,满足的极少。找一个结婚的对象或做朋友的对象,能够真正使我们满意的,找不到。

还有两句话,"不如意事常八九,可与人言无二三",人生的事,十次总有八九次是痛苦的、不如意的。但是心里的痛苦,能够找知己来谈谈的,不到十分之二三。所以不必求人安慰,因为他安慰你的话毫不相干,我吃了苦、很苦,他说吃点糖就好了，他也不晓得你苦在什么地方，这就是人生。尤其处理大事，更是如此，所以我现在发现，历史上受冤枉的人很多啦！现在以我的经验再来看历史，有些人盖棺还论定不了，死后把冤枉、痛苦带进棺材的人太多，所以历史太难懂了。

——《列子臆说》

名利之道要看通

求名当求万世名。人谁不好名?看好在哪里。一个人真想求名,只有一途——对社会真有贡献。要历史留名实在太不容易,可是三代以后,未有不好名者,所以孔子说:"君子疾没世而名不称焉。"

但好名看什么名,遗臭万年也是名,但有什么用?真的大名,要对历史有贡献,就太难了。求利之道也是一样,几十年来,看到那么多朋友,发那样大的财,最后怎样?且待下文分解。

所以名利之道要看通的。真了解了人生,确定自己究竟走哪条路才是最重要的,不然就一生很平实,很本分,该做什么就做什么,不过分地企求。

一个真正的君子,都是要求自己,学问也好,一切事业也好，只问自己，具备了多少？充实了多少？努力了多少？一切成就要靠自己的努力，不要依赖别人，不要因人成事。在内省的修养方面，只问自己应对人如何，而不要求别人对你如何。

——《论语别裁》

反省自己 ◀026

什么是修行人？是永远严格检查自己的人。随时检查自己的心行思想，随时在检查自己行为的人，才是修行人。

所以不要认为有个方法，有个气功，什么三脉七轮啊，或念个咒子啊，然后一天到晚神经兮兮的，那是不相干的。

我们看到多少学佛学道的人，很多精神不正常，为什么染污了？为什么有那么多的不正常呢？因为没有严格地在修行。换句话说，没有严格地反省自己，检查自己。

——《如何修证佛法》

用人所长

最难的就是认识自己,然后征服自己,把自己变过来。但要注意并不是完全变过来,否则就没有个性,没有我了,每个人要有超然独立的我。每个人都有他的长处和短处,一个人的长处也是他的短处,短处也是长处,长处与短处是一个东西,用之不当就是短处,用之中和就是长处,这是要特别注意的。

教导部下和子弟也是这样的,性向一定要认清楚,一个天生内向的人,不能要求他做豪放的事;一个生性豪放的人,不能要求他规规矩矩坐在办公室。要知道他的长处,还要告诉他,帮助他去发挥。

——《论语别裁》

黄金有价书无价
时势迁流我不流
南怀瑾题

不要在人家看见时
才做好事

◀ 028

    中国人讲究行善要积阴德。别人看不见的才是阴，表面的就是阳化了。不要在人家看见时才做好事，便是阴德。帮忙人家应该的，做就做了，做了以后，别人问起也不一定要承认。这是我们过去道德的标准，"积阴德于子孙"的概念，因此普遍留存在每个人的心中。

——《论语别裁》

人到无求品自高

◀ 029

古人说"人到无求品自高",一个人到了处世无求于人,就是天地间第一等人,这个人品就高了嘛!由此你也懂一个哲学,一个商业的原则,做生意顾客至上,做老板的总归是倒霉,做老板的永远是求人啊!要求你口袋里的钱到我口袋里来,那个多难啊!然后讲我这个东西怎么好,那个态度多好多诚恳,叫作和气生财。这个道理就是求于人者就畏于人。

——《列子臆说》

蓬生麻中
不扶自直

"自少齐埋于小草",一粒松树种子从小埋在小草里头,"而今渐却出蓬蒿",到现在这一棵松树慢慢出头了,不断地上长。"时人不识凌云干",当时的人不认识这是一棵会同云一样高的树,"直到凌云始道高",直到松树长成,才发现比阿里山那棵神木还高。所以青年人由此可以安慰自己,但是尤其应该自己努力,要你自己站起来。你自己站不起来,希望人家把你看高,做不到。你站起来了,别人就是踮着脚还看不到你的影子,然后在后面拼命地鼓掌,这个就是社会,这就懂得人生哲学了。所以年轻同学们注意,只有自己站起来,不要求任何人帮忙你。古人说"蓬生麻中,不扶自直",能够站得起来的,你不必帮助,他自己会站起来;

是人才的就是人才,你盖都盖不住的。

——《列子臆说》

安身立命的哲学

多难兴邦
忧患兴家

多难兴邦,忧患兴家,贫苦家庭的子弟,大部分都有出息,不到三十年渐渐站起来。在台湾三十年,就看到这样的人发大财,也看到不少有钱人家子弟的失败。所以为人父母的,对孩子不可太优容骄宠,该给他们多些磨炼,否则是害了孩子。孟子最后讲一句话:"然后知生于忧患,而死于安乐也。"不管国家、社会、家庭、个人,离不开这个原则。人越在艰难困苦中,越有希望,会奋斗,能站起来。

——《孟子旁通》(下·告子篇)

道在哪里

《中庸》上说:"天命之谓性,率性之谓道,修道之谓教,道也者不可须臾离也,可离非道也。"一切众生的生命本来就有,叫作天命之谓性。率性不是乱来,我要打你就打你,这不叫率性;率性就是《心经》上所讲的自在,明心见性自在了以后,叫作道。悟了道以后起行,起菩萨万行,悟后起修叫作教。"道也者不可须臾离也,可离非道也",须臾就是佛教所讲的刹那,道这个东西一刹那之间都不可以离开,可离开的话,就不是道了。道在哪里呢?不要向外找,就在你那儿,道不是修来的,它不增不减,只是你没有认到而已,不迷,你就在道中间。不管在中国或在印度,都有相同的思想,所谓"东方有圣人出焉,西方有圣人出焉,此心同，此理同"。

——《圆觉经略说》

浮生若梦　　◁033

人一生都是忙忙碌碌，就是劳生。道家的文学还有个名词叫作"浮生"，大家都读过李白的《春夜宴桃李园序》，其中"浮生若梦，为欢几何？"这个"浮生"的观念与名词是由道家来的，和"劳生"是同样的意思，人为什么感觉到生命是劳苦的？不管贫富，天天努力争取、忙碌的对象，最终都不能真正的占有。一个富人，了不起每天进账有一千多万，不过搬来搬去，也不是他的。

物质世界的东西，必定不是我之"所有"，只是我暂时之"所属"。与我有连带关系，而不是我能占有，谁都占有不了。有些人用不着读书，从一些现象，就可以把人生看得很清楚。只要到妇产科去看，每个婴儿都是四指握住大拇指，而且握得很紧的。人一生下来，就想抓取。再到殡仪馆去看结果,看看那些人的手都是张开的,已经松开了。人生下来就想抓的,最后就是抓不住。

——《论语别裁》

安身立命的哲学

日日新

《大学》上讲"苟日新,日日新,又日新",人效法天地,只有明天,满足于今天的成功就是退步了。修道也好,做学问也好,人生的境界永远看明天,只有明天,不断地前进,生生不已,这就是我们中国文化生生不已的道理。

——《我说参同契》

未济的人生

◀ 035

《周易》这部书由乾坤两卦开始，最后是以未济作结束。其实，八八六十四卦全部都是未济啊！所以我经常告诉大家说，如果懂了未济，《易经》的全部道理你就懂了。

《易经》这一部书是没有结论的。六十四卦最后是未济卦，什么道理呢？因为这个宇宙是作不了结论的，人生也没有结论的，历史也永远没有结论。宇宙永远发展下去，没有停止，所以是未济。

——《易经系传别讲》

先存诸己
后存诸人

"古之至人,先存诸己,而后存诸人,所存于己者未定,何暇至于暴人之所行!"这一段完全是对青年人说的人生哲学,是孔子讲的青年人的修养哲学。他说我告诉你,我们中国的传统文化,在上古及中古时代都是要"先存诸己",先要救自己,所谓己立而立人;对于学佛的人来说,先求自度,然后度人。"所存于己者未定",你自己都度不了,救自己救不了,怎么能够救人!"何暇至于暴人之所行",自己病都没有治好,你哪里有空去指责人家,暴露人家的缺点!所以道家的思想,同佛家儒家都一样,中国传统文化的人生修养的价值观,在《庄子》这里说了出来。

——《庄子諵譁》

但留方寸地
传与子孙耕

◀ 037

我们小时候过年，经常给乡下人写春联，"但留方寸地，传与子孙耕"，这就是中国文化的社会教育，教人做好人做好事，心不要坏了。古人有句诗，"当路莫栽荆棘树"，"当路"是在人生的大路上，少栽一些讨厌的刺人的树；"他年免挂子孙衣"，做人一辈子要心地宽厚，做人不好，后代的子孙受报受罪啊！中国文化讲三世因果，父母、自己、子孙；佛家的文化则讲个人，前生、现在、来生。两个文化合起来，就是十字架，都是讲因果报应。

——《我说参同契》

中国文化的
精神与状态

◀ 038

能够做到"事亲",自然能够"从兄";能够爱自己的父母兄弟,自然能够爱朋友;能够爱朋友,自然能够爱社会,爱国家,爱世界。

所以我常对外国朋友说,只有中国文化才是真正十字架的精神与形态。上至天、至父母祖先,下至后代,中间一横为兄弟姊妹,社会国家天下。西方的十字架,只有爱下一代,中间也只有夫妇的爱,连兄弟也不管;上面只有一个上帝,可是与中间脱节。中国文化,有天地,还有祖先父母与天搭线,所以中国文化才真正构成了十字架。

——《孟子旁通》(下·离娄篇)

安身立命的哲学

侠义精神　　◀ 039

中国文化中的侠义精神，就是所谓"路见不平，拔刀相助"的精神。这个侠义的义，和孟子所说仁义的义，有所不同，而是帮助困难的人、痛苦的人、弱小的人。认为这些是应该做的侠义，这也就是墨子的精神。

我研究中国几千年历史，认为墨子的思想，对后世的影响，超越了儒家、道家，中华民族的血液中，就有这种侠义精神的成分。后世的《三国演义》中的桃园三结义，就是墨子的精神，甚至于描写盗寇的《水浒传》，所谓的忠义堂，也是墨子的精神。现代写的武侠小说，乃至帮会组织，也都属于墨子的精神。

——《孟子旁通》（下·告子篇）

笨

几十年前曾经有些同学问,用什么方法、什么手段,毕业后可以在社会上站住?我说只有一个方法,笨,也就是做人诚恳、老实,除了这个以外没有其他方法。你听起来很古老,但我告诉你一个道理。

人类历史到了现在,今天的青年,每一个都是聪明绝顶,不但知识方面高明,玩手段、用办法,那个刁钻古怪的主意,比我们当年高明得太多了。但是,玩聪明玩手段,没有一个不失败的,最后都是失败。真正唯一的手段只有老实、规矩、诚恳;假使你把这个当作手段,那最后成功是归于你这个老实的人了。

——《孟子旁通》(上·梁惠王篇)

沉默寡言

◀041

修养、管理多难!但是这个修养、管理,对你事业的前途有没有影响?非常大的影响!所以,我常常告诉这些领导、做企业的,四个字——沉默寡言——不要轻易动怒,甚至言语还要简短,没有废话,乃至修养到"喜怒不形于色",下面摸不清楚你了,你就差不多了。

——《漫谈中国文化》

千秋的事业

◀ 042

真正的人生,对于顶天立地的事业,都是在淡然无味的形态中完成的。这个淡然无味,往往是可以震撼千秋的事业,它的精神永远是亘古长存的。

——《老子他说(初续合集)》

守本分 ◂043

做人的道理，要守本分，就是我们的老话，现在大多数年轻人是不会深入去体会的。什么是本分？做领袖的，做父亲的，做干部的，做儿子的，上下长幼、贵贱亲疏之间，都要守本分，恰到好处。

譬如贫穷了，穿衣服就穿得朴素，就是穷人的样子，不可摆阔；有钱的人也不必装穷，所以仁爱要得分，施舍要得分，仗义疏财也要得分，智慧的行为也要得分，讲话也要得分，信也要得分，总而言之，做人做事，要晓得自己的本分，要晓得适可而止，这才算成熟了，否则就是幼稚。

这是中国文化，为西方所没有的，到今天为止，不论欧洲或美国，还没有这个文化，专讲做人做事要守本分的"哲学",能够达到如此深刻的,这些地方就是中国文化的可贵之处。

——《历史的经验》

禅

刚柔始交而难生

天下的事情,当好事来的时候,都有困难,不经过困难而成功的,绝对不是好事,轻易得到的,很快就会失去,这就告诉我们一件真正成功的事业,没有不经过困难来的。

透过"刚柔始交而难生"这句话,可以了解很多做人做事的道理,一件好事的产生,并不那么简单,大而言之,一个好的历史局面的完成,很不简单,譬如革命的完全成功,也就"刚柔始交而难生",真不知道要经过多少艰难困苦。

——《易经杂说》

儒家的品性
佛家的理性
道家的工夫

我希望年轻同学们注意，中国文化在秦以前是儒、墨、道三家。儒家以孔子代表，墨家是墨子，到唐宋以后才是儒、释、道三家。老子、孔子、释迦牟尼，这三位都是我们的根本上师，根本的大老师，但是三家的文化各有偏重。

佛家是从心理入手，达到形而上道。据我的知识范围所及，世界上任何宗教哲学没有跳过如来的手心的。当然我的知识并不一定对的。道家的思想偏重于从物理及生理入手，而进入形而上道。那么我们也可以说，讲物理、生理入手的修持方法，任何一家无法跳过道家的范围，跳不过太上老君的八卦炉。儒家则偏重从伦理、人文、道德入手，而进入形而上道。

今后的中国文化，要学儒家的品性，我们做

人做事不能不学儒家的道理。儒家就等于佛家大乘菩萨道的律宗,讲究戒律,所以儒家非常注重行为。除了学儒家的品性还要参佛家的理性,你要想明心见性,直接领悟成道,非走佛家的路线不可,否则不会有那么高,不会成就的。同时还要配合道家做工夫的法则,不管密宗、显教,都跳不出这个范围。

——《我说参同契》

生命的本来

我经常说,佛学里也很有趣,讲释迦牟尼佛一生下来,走几步路,一手指天一手指地说:"天上天下,唯我独尊。"以宗教的观念来看,这两句话多傲慢!好像天下只有他,没有第二个人。实际上他也是漏了这个消息,一切都是自我非他,生命都是自我做主的。这个我,是指他个人的小我;而天地与我同根,万物与我同体,这个我指的是大我。所以"天上天下,唯我独尊",找到了这个生命的本来,才是真正所谓得道。

——《列子臆说》

气质的转化

世界上任何一个人,在心理行为上,即使一个最坏的人,都有善意,但并不一定表达在同一件事情上。有时候在另一些事上,这种善意会自然地流露出来。俗话常说,虎毒不食子,动物如此,人类亦然。只是一般人,因为现实生活的物质的需要,而产生了欲望,经常把一点善念蒙蔽了,遮盖起来了。而最严重的,是刚才说到的,《西游记》中的牛魔王,也就是人的脾气,我们常常称之为牛脾气,人的脾气一来,理智往往不能战胜情绪。所以凡是宗教信仰、宗教哲学,乃至孔孟学说,都是教人在理性上、理智上,就这一点善意,扩而充之,转换了现实的、物质的欲望和气质,使内在的心情修养,超然而达到圣境。

——《孟子旁通》(上·梁惠王篇)

平安就是福

卓尔不群

"夫唯大雅,卓尔不群",这是班固特别创造的两句话。只有真正有文化、有思想的人,才能独自站起来,不跟着社会风气走,自己建立一个独立的人格。

——《南怀瑾演讲录:2004—2006》

唯大英雄能本色

◀ 049

"唯大英雄能本色,是真名士自风流。"所谓大英雄,就是本色、平淡,世界上最了不起的人就是最平凡的,最平凡的也是最了不起的。换句话说,一个绝顶聪明的人,看起来是笨笨的,事实上也是最笨的,笨到了极点,真是绝顶聪明。

——《论语别裁》

立身 出处 品格　　◀ 050

一个知识分子,受教育的目的是人格的养成,尤其对于立身出处的认识,更为重要。

所谓立身,就是长大成人以后,在世间做怎样的人?站在一个什么立场上?建立一个什么样的人格?

所谓出处,等于走出大门,第一步跨出去的时候,就要好好选择方向,往什么地方走,怎样走。也可叫作出身。

所谓"品格",品与格是有分别的。每个人都有他自己的规格,纵然是爱笑、爱哭的人,也是他的一格,笑为笑格,哭为哭格。杞梁妻善哭,哭就是她人格中的一部分。有的人方正,有的人随和,这都是"格"。人品则不同,例如有人视富贵如浮云,看到功名富贵来到,并没有什么高兴，反而讨厌；如果请他尽义务帮忙一件事，他却很高兴，这就是人品。

出身与出处也有连带的关系。例如现在社会上很喜欢谈到青少年的出路问题。也许有的人抱持一个"有路就出"的态度，俗语所谓"有奶便是娘"，只要有钱可赚，叫别人爷爷都可以，甚至鲜廉寡耻、违背良心的事都去干。有的人则不计较待遇，只求有学习的机会，增加人生的历练，能进德修业的事才做，这就是出处的问题。

——《孟子旁通》（下·告子篇）

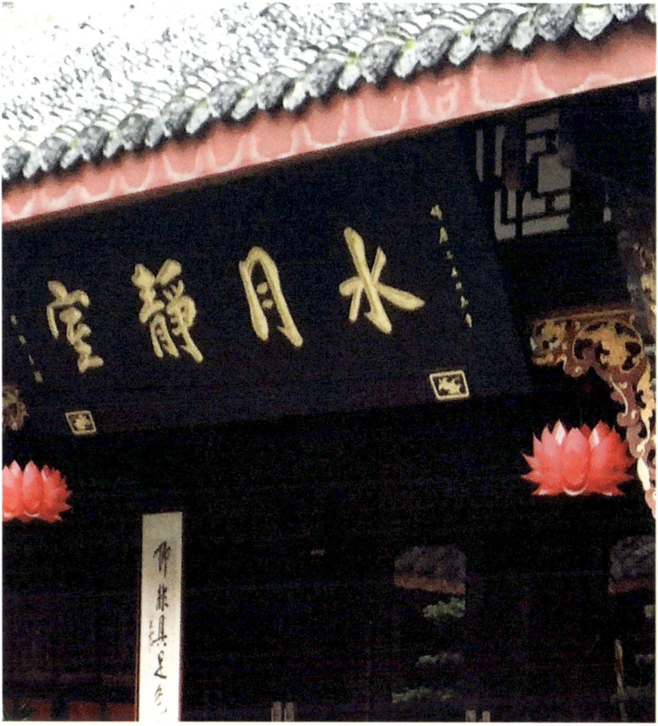
水月靜室

穷不失义
达不离道

"穷不失义,故士得己焉;达不离道,故民不失望焉。"一个人的学问修养做到了,虽然一辈子倒霉,人格始终不褪色。不要因为自己没有钱,而将自己的人格打折扣,那就整个失败了。"士得己"就是有我,"己"就是我,"得己"就是保得住我自己。

学佛要无我,形而上道——自己讲修养,要到达"无我"之境,才可以入门,但还不是最高。做人做事,一定要"有我",才能够立大功成大业。一般学佛的人,拿了这个"无我"的名词,就把鸡毛当令箭,到处"无我"一番,结果佛既学不成,人也做不好,这是学佛的人最容易犯的毛病。

做人要有我,每人有自己的人格,自己的品德,自己的风格。至于风格对与不对,仕于前面说的"尊德乐义"这个范围。各人在这个范围之内，建立各自的品格，老实人是老实的风格，慷慨的人是慷慨的风格，这就是"我"。

——《孟子旁通》（中·尽心篇）

穷则独善其身
达则兼善天下

◀ 052

"古之人，得志，泽加于民；不得志，修身见于世。"古代的人，读书求学问，是为了增进自己的修养。得志的时候，是上天所给的权位，不过是一种工具而已，目的在用这工具做好事，给社会大众谋福利。如果不得志，也没有关系，不过，也要对社会有贡献，不能蹲在城隍庙的角落躲起来。这样是自卑，是没有修养的，应该"修身见于世"——修身养性，端正自己，给世人看见，做个好的榜样。

"穷则独善其身，达则兼善天下"，这两句是孟子流传千古的名言。凡是中华民族的青年，都应该牢牢记住，这是人生的价值观，和人生的目的。如果对于自己人生的价值和目的都搞不清楚,那简直是胡里胡涂地过了一生。

——《孟子旁通》(中·尽心篇)

天爵与人爵

在宇宙间有两种大爵：一种是"天爵"，是形而上的位置；一种是人世间的位置"人爵"。

一个人有高尚的学问道德修养，包括"仁、义、忠、信"等，随便哪一条，要坚信不移，不但人格修养要能做到，还要"乐善不倦"——这四个字很重要，只向好的方面做，不怕打击。做好事，有时候做得灰心，遇到打击就不再干，还是不行；要只问耕耘，不问收获，虽受了打击，还是毫不改变，毫不退缩地做下去，这是"天爵"。

中国上古只以道德为做人的标准，"古之人修其天爵，而人爵从之"，古人的修养，是成就"天爵"，不问"人爵"如何，来也好，不来也好，听其自然。现在的人，连"人爵"也不修了，只求"钱爵"，认为学问有什么道理！有钱最好！

所谓"有钱万事足"。

——《孟子旁通》（下·告子篇）

平安就是福

三省吾身

◀ 054

　　曾子说，我这个人做学问很简单，每天只用三件事情考察自己。要注意的，他做的是什么学问？"为人谋而不忠乎？"替人家做事，是不是忠实？古代所谓的"忠"是指对事对人无不尽心的态度——对任何一件事要尽心地做，这叫作"忠"。这个忠字在文字上看，是心在中间，有定见不转移。"为人谋而不忠乎？"是我答应的事如果忘了，就是不忠，对人也不好，误了人家的事。"与朋友交而不信乎？"与朋友交是不是言而有信？讲了话都兑现、都做得到？第三点是老师教我如何去做人做事，我真正去实践了没有？曾子说，我只有这三点。我们表面上看这三句话，官样文章很简单，如果每一个人拿了这三点来做，我认为一辈子都没有做到，不过有时候振作一点而已。

——《论语别裁》

有之以为利
无之以为用

◀ 055

老子说天地间,威力最大的是什么东西？是空,就是无。"有之以为利,无之以为用。"所以有无之间要搞清楚,我们人是用惯了有,觉得生命是有,一切有,有就喜欢。我们讲佛学已经讲过,人要看透这个道理,这个有,一切万有,包括我们的身体,我只有使用权。今天我们还活着,所以这个身体属于我所有,就是我有使用权。等到有一天它罢工了,不愿意再劳动了,我们就没有办法指挥它,因为它毕竟不是我的所有,死了也带不走。活着时它是它,我是我,也是两回事。我们现在的有,认识到生命"有之以为用",就要把握现时的作用,不要认为没有生命就感到可怜就哭了。不要哭,"无之以为利",愈空愈好,空了有大利,真到了空的境界就另外产生了新的东西。

——《我说参同契》

正己而后正人

◀056

我们老祖宗是圣人贤人,不过我们也是"剩人",剩下来的剩,剩下来没有用;又是"闲人",没得用了嘛!我们本来就是"剩闲之流"。我们老祖宗是真圣人。这个圣人之治是如何呢?不是在外形上要求的,所以真正要天下太平,每个人自动自发,要求自己成圣人,不是要求别人。正而后行,确乎能其事者而已矣。他说真正先王之道,是圣帝明王治天下,不是要求别人的,而是要求自己的。人人自治,真正的自治,每个人变成真圣人。"正而后行",每人都很正,正己而后正人,这样起作用。

——《庄子諵譁》

静以修身
俭以养德

"君子之行,静以修身,俭以养德",他告诉儿子,先学会宁静,宁静不是单指打坐时思想的宁静,而是你心境要随时可以宁静,欲望减轻了。第二是"俭",这个"俭"好像省钱的俭,同样的寓意,简化,脑子情绪不要复杂,一切都要简化,抓到要点。尤其这个时代,事情那么多,大家都忙昏了头,都在拼命,精神问题越来越多,要好好学习"俭"和"静",静以修身,俭以养德。

——《漫谈中国文化》

具见

人生要具有高见,就是普通我们讲见地、见解、眼光、思想。一个人没有远见,没有见解,如想成功一个事业,或是完成一个美好人生,是不可能的事。后来中国的禅宗,也首先讲求"具见",先见道才能修道,如果修道的人没有见道,还修个什么道呢?

人生不要被物质的世界、现实的环境所困扰,假如被物质世界所限制、被现实环境所困扰,这个人生的见解已经不够了。人生是痛苦的累积,那是指普通人,如果能够具备了高远的见地,如果不被物质世界所限制,如果不被人生痛苦环境所困惑,则人就可以超越,就能够升华。

——《庄子諵譁》

书到用时方恨少
事非经过不知难
南怀瑾书

真正的自己

◀ 059

大家现在坐在这里,不要做什么功夫,也不要求静。这个冷气机的声音我们都听到了,事实上大家本来也听到的,不过经我一提,你注意了;本来我的动作你也看到;我的声音你也听到。

在这中间,你找一个东西。你的心用得那么多,能听到声音、能看、能动作、能想,还能够知道自己在这里想,知道自己在这里坐着。那一个能够知道自己的东西可重要,那就是你自己,是真正自己的本来面目的一面,真正的自己。

我不知道我的报告清楚没有,希望对大家在修养上有点贡献,获得一点安身立命的修养,有此高度的修养,才能处理大事,才能担任大的任务。

——《论语别裁》

数典忘祖

◀ 060

　　一个国家民族的文化中心就是自己的历史，这是非常非常重要的，如果自己祖先的历史文化传统都不知道，那就是中国文化的名言"数典忘祖"，做人不可以数典忘祖。全世界有六七十亿人口，有许多国家，但是最注重历史的是中国人。

　　我们以前读书非常重视历史跟地理，一个国家的民族若不知道自己的历史和地理，是个大笑话；一定先要了解自己的历史和地理，再推而广之，了解世界上每个国家的历史和地理，这是一个国家民族意识的中心。

——《廿一世纪初的前言后语》

善行　◀ 061

一个人真做了一件善行,这一天盘个腿打坐看看,马上就不同,气脉马上就不一样,心境马上就扩大了,这个是绝对不能欺骗自己的事。不要说真正善的行为,或内在的善心,今天如果真把贪瞋痴慢疑这些毛病解决了一点,那个境界就不同一点。

所以我们坐起来不能空,心境空不了,就得找找看,看今天自己的病根在什么地方,为什么今天上座不能空?你的心念在贪瞋痴慢疑当中,一定有个东西挂在那个地方。这是阿赖耶识的问题,不是第六意识的事情。如果没有检查这个,光是打打坐求一点空,求一点工夫,没有用的,奉劝你不要学道,你会把自己给害了的。

——《如何修证佛法》

性天自有风月

◀ 062

有真学问、真修养，就是"居天下之广居"。宇宙在我，万化由心，人生顶天立地，还受什么外在物质居住环境的拘束！也就是说，真正有了学问、修养，就不受任何环境、物质的影响，这就是大丈夫。

孟子教育学生们，了解一切物质环境影响人的力量，而大丈夫绝对不受物质环境的影响。环境可以影响人的心理，转变人的意识思想，但是一个真正的学者，学问会养成自己的天地，就是后世讲的"性天自有风月"。也就是自己精神领域扩大，顶天立地，自有一番伟大的景象，哪里再看得上物质有形的环境呢？

——《孟子旁通》（中·尽心篇）

忧患千千结
慈悲片片云
空王观自在
相对不眠人

南怀瑾

不怨天，不尤人

◀ 063

"怨天尤人"这四个字我们都知道，任何人碰到艰难困苦，遭遇了打击，就骂别人对不起自己，不帮自己的忙，或者如何如何，这是一般人的心理。严重的连对天都怨，而"愠"就包括了"怨天尤人"。

人能够真正做到了为学问而学问，就不怨天、不尤人，就反问自己，为什么我站不起来？为什么我没有达到这个目的？是自己的学问、修养、做法种种的问题。自己痛切反省，自己内心里并不蕴藏怨天尤人的念头。拿现在的观念说，这种心理是绝对健康的心理，这样才是君子。

——《论语别裁》

克念

什么是修行？并不是打坐、做工夫就等于修行；这和"修行"的真正意义还有很远的距离。真正的修行，包括修正心理行为，修正自己的起心动念，修正自己喜、怒、哀、乐的情绪等，也就是心理思想上、生理变化上、言语行为上毛病的修正。

一般人的打坐，不过是修行的一个入门方法与练习，也就是佛家所说的"克念"。把念头克服了以后，在打坐当中转化；然后扩而充之，才能转化自己的各种心理行为。假如没有转化心理行为的功力与智慧，则所有一切修行都是白说空话。

——《孟子旁通》（中·公孙丑篇）

强恕

讲到行为,做工夫,行慈悲,要"强恕而行,求仁莫近焉",就是要勉强自己去做。人最会原谅自己,例如说修止静(打坐)的工夫,一天最好多坐几次,自己却会说忙得很,没有时间。所谓忙,只是这么说说而已,并不是真忙;其实是怕坐久了一身酸痛。这就要"强"迫一下,勉强自己去修正,对待自己不好的习性,不可太过放任,要带一点强迫性来自我转变。"恕"就是做人做事的时候,对别人要仁慈、宽大,饶恕别人,这是行愿的基本。换言之,"强恕"的两个要点,就是"严以律己,宽以待人"。如果这样做去,"求仁莫近焉",仁的境界就来了。

——《孟子旁通》(中·尽心篇)

安身立命的哲学

青年多读古书

我常劝青年多读古书,不要以为自己学问够了,所谓活到老,学到老,学问经验永远不会够的。古人著书立说,累积了多年成功与失败的经验,穷毕生精力,到晚年出书,流传下来,我们如果不读古书,那才真是愚蠢,因为有便宜不知道捡。

读了古书,就是历史的经验,是吸取古人付出辛酸血泪的数千年经验,供自己运用,所以何必自己去碰钉子,流血流汗,茹苦含辛再领悟出同样的经验呢?或者说,只是读他的书,而又看不见他的人,可以和他交上朋友吗?当然可以呀!我们由古书就看到他的时代背景了。

——《孟子旁通》(上·万章篇)

事业与职业

中国文化这个事业是什么呢？孔子也在《易经·系传》上讲，"举而措之天下之民，谓之事业"，一个人不管是当皇帝或者讨饭，或者做工，你的一生所作所为，"举"，就是你的动作，"措之天下之民"，使社会能得到你的福利，受到你的恩惠，而得到一部分的安定，这样的成就叫事业。

我们看一部二十五史，多少皇帝，多少宰相，多少状元，现在我们脑子报得出多少个？二十个都报不出来！原因是什么？他们没有事业在人间，人间那几十年，马马虎虎过去了，只是个职业而已……

那些职业皇帝，他就是八字好，可是他没有事业，在历史上没有贡献，为什么没有贡献？因为"所存于己者未定",自己人生观没有确定,"未定"两个字特别注意。

一个人把人生观确定了以后,富贵贫贱没有关系,有地位无地位,有饭吃没饭吃,有钱没有钱,都一样,人生自然有我存在的价值。

——《庄子諵譁》

诚

什么叫作诚？空灵也叫作诚，一念空灵到极点那也是至诚，那是真至诚。至诚之道自然就万事可以前知。所以你说中国儒家有没有神通？有神通啊，孔子神通的秘诀就是寂然不动，你做到了寂然不动就感而遂通，这是孔子传你神通的秘诀。孔子的孙子子思也讲了神通的秘诀，"至诚之道可以前知"。孟子也传了神通，"至诚而不动者，未之有也"，有至诚一定动，感而遂通。相反的，他说如果不诚而想能有感通，那是不可能的。

——《孟子旁通》（下·离娄篇）

淡泊以明志
宁静以致远
辛巳岁关书付
蓉蓉孙女
爷字

人能常清静
天地悉皆归

◀ 069

　　道家有一本经典写得非常好，将近四百个字，叫作《清静经》，你们不管学佛修道的找来念念看。《清静经》可以同佛家的《心经》媲美，但是如果讲学术，对不起，那是仿照佛家《心经》来的。《清静经》上说"人能常清静，天地悉皆归"，一个人能够常清静，天地的力量会回到你生命上来。所以一念清静有如此之重要，比佛家讲的功利一点。佛家讲了半天空啊，好像我们做生意一样，谁愿意抓空的！道家很会诱惑人，他不做蚀本的生意，"天地悉皆归"，一投资就一本万利，这还不干吗？！

——《我说参同契》

诸恶莫作
众善奉行

◀ 070

我常常告诉大家，最初的就是最高的，所谓最高的就是最基本的，最基本的不对的话，什么都错了。所以学佛修道要讲道德行为，就是诸恶莫作，众善奉行。非常简单的两句老古话，个个都会讲，人人做不到。如果第一步不对，以后修了半天还是不对，你这个中心基本不打好，想求到最高深的成就是不可能的。

像你们又修道又学佛又学密宗，其实我当年也一样，反正有道我就拜。密宗也好，显教也好，我都搞了很久，最后我一道都不道，才晓得道原来还在我自己，我何必外求呢！可是不先经过那些冤枉路，死不了心。所以现在这些在家出家的同学，想要到外面学，我说赶快去！赶快去！因为我有过经验的，引用憨山大师一句话，是"以绝他日妄想"。你现在趁年轻学完了，将来年纪大放下来去做工夫，外面再怎么闹热，说死了你都不听，因为你都会都懂了。可是啊，话虽如此，以我的经验，就在外面迷糊，永远转不回来的也很多。所以"干立未可持"啊，乱七八糟地学那些枝节，心性基本修养没有搞好，光是学了一大堆工夫，最后什么都不是。

——《我说参同契》

东方文化的结晶

东方文化的结晶是儒、道、佛三家的思想。近年来,西方人研究东方思想,常归于禅学;最近,追索东方的科学精神,又趋向于儒、道两家同源的《易经》。

事实上,佛家明心见性的智慧,道家全生保真的修养,与儒家立己立人,敦品励行,以及世界大同的理想,如能与西方文化交流融会,必能补救科学思想的不足,拯救物质文明的所失。

——《中国文化泛言(增订本)》

职业教育

现代教育,的确要注重职业教育,因为一般普通教育,在大学毕业以后,谋生技能都没有,吹牛的本事却很大。今日的青年应该知道,时代不同了,职业重于一切,去解决自己生活的问题,必须自己先站得起来,能够独立谋生。

学问与职业是两回事,不管从事任何职业,都可以作自己的学问,不然,大学毕业以后,"眼高于顶,命薄如纸"八个字,就注定了命运。自认为是大学毕业生,什么事都看不上眼,命运还不如乞丐;没有谋生的技能,就如此眼高手低,那是很糟的,时代已经不允许这样了。

——《孟子旁通》(上·万章篇)

只生欢喜不生愁

要学着笑,人生何必摆起那个死样子啊？"一日、一月、一年、十年,吾所谓养",活一天也好,一年也好,十年也好,反正在没有死以前要快活自在,宗旨在这里,这个叫作养生。用不着吃维他命,你就是快乐,这就是中国道家说的"神仙无别法,只生欢喜不生愁",就会得道。所以你看从前大陆的丛林,不管是显教、密教的修行,已经传道给你了,一个大肚子的弥勒佛,哈哈地笑,弥勒佛前面一副对子,"大肚能容,容天下难容之事；开口常笑,笑世间可笑之人",就是先学笑。所以学佛的人先学弥勒佛,学道的人先是"熙熙然"。总而言之,没有断气以前一秒钟,我活得还是快活,何必在那里担忧死了怎么办！

——《列子臆说》

人情看破秋云淡
世事经多蜀道平
南怀瑾 敬书古句

横渠四句

张载（横渠）有四句话："为天地立心，为生民立命，为往圣继绝学，为万世开太平。"凡是知识分子，应该有这样的志向和抱负。出世修道，也同样是"为天地立心"。因为维持文化精神的人，虽寂寞穷苦，但是他们是"为天地立心"；而那些延续人类文化于不坠的人，就是"为生民立命"，在佛学上讲，就是延续"慧命"。

"为往圣继绝学"，就是今日我们所说的孔孟之道，这是我们中国的文化。说来非常可悲，已经是命如悬丝了。这一民族文化的命运，如千钧的重量，只有一根丝在吊住，连我们这些不成器的人，也被称作学人。而我们自己反省，并没有把文化工作做好，而且白发苍苍，垂垂老矣。再往后看，还未曾发现挑起"为往圣继绝学"责任的人，所以青年人要立志承先启后，而且能继往才能开来。

　　　　——《孟子旁通》（中·尽心篇）

时与位

《易经》上告诉我们两个重点，科学也好，哲学也好，人事也好，做任何事，都要注意两件事情，就是"时"与"位"，时间与空间，我们说了半天《易经》，都只是在说明"时"与"位"这两个问题。很好的东西，很了不起的人才，如果不逢其时，一切都没有用。同样的道理，一件东西，很坏的也好，很好的也好，如果适得其时，看来是一件很坏的东西，也会有它很大的价值。居家就可以知道，像一枚生了锈又弯曲了的铁钉，我们把它夹直，储放在一边，有一天当台风过境半枚铁钉都没有的时候，结果这枚坏铁钉就会发生大作用，因为它得其"时"。还有就是得其"位"，如某件东西很名贵，可是放在某一场合，便毫无用处，假使把一个美玉的花瓶放在厕所里，这个位置便不太对,所以"时""位"最重要,时位恰当,就是得其时、得其位,一切都没有问题。相反的,如果不得其时、不得其位,那一定不行。我们在这里看中国文化的哲学,老子对孔子说:"君子乘时则驾,不得其时,则蓬蔂以行。"机会给你了,你就可以作为一番,时间不属于你,就规规矩矩少吹牛。孟子亦说:"穷则独善其身,达则兼济天下。"这也是时位的问题,时位不属于你的,就在那里不要动了,时位属于你的则去行事。

——《易经杂说》

平安就是福

管理自己

你们要做老板、领袖,搞管理学,先管理自己吧!自己性情管理好,智慧管理好,理性管理好,然后再管理别人,再谈事业。

所以,什么叫政治?中国人讲的政治,意思是"正己而后正人"。自己都不行,还能领导别人吗?人家让你领导,是为了利害关系,为了待遇,为了钞票,并不是服气你;你要使他服气就不是这么简单了。所以说"正己而后正人",要"作之君,作之亲,作之师"就难了。

——《南怀瑾演讲录:2004—2006》

谋道不谋食
忧道不忧贫

　　一个真正有学问，以天下国家为己任的君子，只忧道之不行，不考虑生活的问题。比如耕种田地，只问耕耘不问收获。好好地努力，生活总可以过得去，发财不一定。只要努力求学问，有真学问不怕没有前途、没有位置，不怕埋没。谋道不谋食，忧道不忧贫。是很好的格言，人生的准则。

——《论语别裁》

毋不敬
俨若思

大家晓得中国文化有一部最根本的书籍——《礼记》。这部《礼记》，等于中华民族上古时期不成文的大宪书，也就是中华文化的根源，百科宝典的依据。普通一般人都以为，《礼记》只是谈论礼节的书而已，其实礼节只是其中的一项代表。什么叫作"礼"？并不一定是要你只管叩头礼拜的那种表面行为。《礼记》第一句话："毋不敬，俨若思"，真正礼的精神，在于自己无论何时何地，皆抱着虔诚恭敬的态度。处理事情，待人接物，不管做生意也好，读书也好，随时对自己都很严谨，不荒腔走板。"俨若思"，俨是形容词，非常自尊自重，非常严正、恭敬地管理自己。胸襟气度包罗万物，人格宽容博大，能够原谅一切，包容万汇，便是"俨兮其若容"，雍容庄重的神态。这是讲有道者所当具有的生活态度，等于是修道人的戒律，一个可贵的生活准则。

——《老子他说（初续合集）》

读书志在圣贤
为官心存君国

◀ 079

　　《朱子治家格言》有两句话，你们诸位读过没有？我们从小记得，一句是"读书志在圣贤"，读书的目的是想做圣人，自己的学问修养超凡入圣，不是普通人。不像现在，大学毕业就想找个工作，求很好的待遇，不尽然的！另外一句是"为官心存君国"，万一考取了功名出来做官呢？这个人不属于自己的了，已经属于国家，出来做官是为了报效国家，为老百姓做事。做到该退休的年龄，就告老还乡，还是回到乡下去做个老百姓。中国传统的教育是这个目的，我们从小是这样受教育的。

——《廿一世纪初的前言后语》

古之学者为己
今之学者为人

十九世纪、二十世纪初期威胁人类最大的是肺病,二十世纪威胁人类最大的是癌症,二十一世纪威胁人类最大的是精神病。现在是精神病开始的时代了,我发现很多年轻的孩子们精神都有问题了,归结起来是教育的问题,一个国家、社会的兴衰成败,重点在文化,在教育。

在中国文化里教育的目的,《论语》有句话:"古之学者为己,今之学者为人。"古代读书人为自己读书,为什么为自己读书?为自己的兴趣。我当年读书,的确是为自己的兴趣读书。现在读书不同了,为别人读书,为家庭读书,为父母读书,为社会读书,为求职业而读书;这个差得很远了。

——《南怀瑾演讲录:2004—2006》

独立而不移

一个时代的命运到了关键时刻,我们人要怎么样做?"无然泄泄",不可以马马虎虎,不可以跟着时代随便走。我们也经常听到有人说"你这样做不合时代",我说老兄啊,我已经不合时代几十年了,我还经常叫时代合我呢,现在头发都白了,不合时代就算了。我说你不要问我问题,也不要跟我学,因为我不合时代,怕传染到你。如果你要跟我学,对不起,你要时代跟我走,"无然泄泄",我不将就你。此所谓独立而不移,要有这个精神。

——《孟子旁通》(下·离娄篇)

平安就是福

观今宜鉴古
无古不成今

我还有个主张,希望大家为了自己国家民族的前途,研究这个经济政治问题,要多读历史才好。古人有两句话:"观今宜鉴古,无古不成今",这是我们小时候读书背的,要了解现在时代的趋势,必须要懂得自己古代的历史。我们的国家民族,是怎么一步一步走到现在的?要研究几千年的演变,不管它走得好坏。"观今宜鉴古",鉴,就是自己对着镜子看一样。观察现在个人事业的成功失败,要拿古代做镜子,反照自己,古代每个时代,是怎么失败的?怎么成功的?"无古不成今",没有过去就没有现在,所以必须要懂得历史。我们当年读历史是最重要的课。

——《南怀瑾演讲录:2004—2006》

仕而优则学
学而优则仕

◂ 083

子夏曰：仕而优则学，学而优则仕。这两句话要注意，后来一直成了中国文化的中心思想之一。讲到这里，我的感慨特别多。过去我们中国文化，都是走这两句话的路线，我们翻开历史来看，觉得很可爱，过去的人所谓："十年窗下无人问，一旦成名天下知。"学问有成就，考取功名，做了官，扬名天下。可是做了官以后，始终不离开读书，还在求学，每个人都有个书房，公余之暇，独居书房不断进步，这是古人的可爱处，就是"仕而优则学"，尽管地位高了，还要不断求学。"学而优则仕"，学问高了，当然出来为天下人做事。然而到了现代几十年看来，只有"学而优则仕"，至于说"仕而优则学"就少有了，而是"仕而优则牌"，闲来无事大多数都在打牌，有的买了线装的二十五史等书,我担心放在那里将来会被书虫蛀了,因为他都在打牌,这正如《老残游记》所谓:"青琐琅嬛饱蠹鱼。"

——《论语别裁》

学问深时意气平

真正有学问时,中国有句话"学问深时意气平",学问真到了深的时候,意气就平了,也就是俗话说的"满罐子不响,半罐子响叮当"。从佛学来说,大阿罗汉或者菩萨没有成道以前,都是"有学位"。成了佛叫作"无学位"。这个"无学位"不是戴方帽子的学位,是已经达到不需要再学的位阶了,已经到顶,最高最高了。但是最高处也是最平凡处,最平凡处也是最高处。所以,真正的学问好像是"不学"——没有学问,大智若愚。"复众人之所过",恢复到比一般人还平凡。平凡太过分了,笨得太过分了,就算聪明也聪明得太过分了,都不对。有些朋友相反,就是又不笨又不聪明得太过分。真正有道之士,便"复众人之所过",不做得过分,也就是最平凡。真正的学问是了解了这个道理,修养修道是修到这个境界。

——《老子他说(初续合集)》

财聚人散

◁ 085

青年人要注意一点，如果要想做一番事业，应该知道"财聚人散"的道理——钞票都到你口袋里，社会的人际关系就少了，没有"真朋友"了；"财散则人聚"，钞票撒得开，解决了别人的困难，自己的钱当然没有了，但是朋友多，人际关系多，有了苦难，则有朋友帮忙。尽管在有形的财富方面，上无片瓦，下无立锥，然而还是有无形的财富土地，以及自己的学问、思想、人品、真理等。人生的立场站稳就有"土地"了；有了人格，就有同道的朋友，那就是"人民"；然后有了合乎道德的标准行为，就是"政事"。国家如此，个人也一样，"土地、人民、政事"，这三件是大宝，如果只重钞票，当然"殃必及身"。

——《孟子旁通》（中·尽心篇）

仗剑须交天下士
黄金多买百城书

慈雄弟　怀瑾

人无远虑
必有近忧

◀ 086

中国文化对忧患意识的看法，就是"人无远虑，必有近忧"，两句话讲完啦！这就是忧患的道理。中国文化的人生哲学就是这两句话。若没有长远深入的思考，便会有不虞之事发生，所以人生永远都在忧患之中。谈到忧患，我在《失落的一代》文章中早就讲过，为我们大家算八字，我们都是生于忧患，死于忧患。我们要能把自己埋在泥巴里，像打地基一样，有把自己作基础的精神，后一代才有希望，大楼才能盖得起来。所以我们这一代是奠基础的，是"生于忧患，死于忧患"的八字。

——《易经系传别讲》

诸葛一生唯谨慎
吕端大事不糊涂

"是以圣人终不为大,故能成其大",一个真正的圣人,不吹大牛,不说大话,不狂妄,只是小心谨慎。关于这一点,有人拿历史上的两个人物说明一个做人的道理——"诸葛一生唯谨慎,吕端大事不糊涂"。诸葛亮一辈子的长处,成功要点,就是小心谨慎。吕端是宋朝的一个名臣,大宰相,在历史上这两个人物的处事态度,构成一副很好的对子。吕端这个人平常看起来糊里糊涂,马马虎虎,但是他不是真马虎,他是大智若愚,是真精明假糊涂。他处理大事一点都不糊涂,他说:"我小事马虎,大事不糊涂。"那是自吹的话,真能够对大事不糊涂的人,小事一样看得清楚。就像一个人眼睛很亮的时候,一眼看出去,整个的场面统统都看清楚了,小地方也都看到了。

大圣人因为他不自以为是,不傲慢,不自骄,故能成为真正的伟大。所以圣人之所以成为圣人,就是因为谨慎小心,不狂妄,不傲慢。

——《老子他说(初续合集)》

相忘于江湖

◂088

　　是非太明并不是好事,善恶太分明,学问太好,知识太渊博,都是自找麻烦,人生是非常痛苦的,"不如两忘而化其道",善也不作,恶也不作。当然你说善不作,那就作恶吧!既然善都不作了,当然更不作恶,而是善恶两忘而化其道。人生能够把是非善恶毁誉化掉,自己就可以相忘于江湖,相忘于天地,连生死都可以相忘了。

——《庄子諵譁》

毋必 ◂089

天下事没有一个"必然"的,所谓我希望要做到怎样怎样,而事实往往未必。假使讲文学与哲学合流的境界,中国人有两句名言说:"不如意事常八九,可与人言无二三。"人生的事情,十件事常常有八九件都是不如意。而碰到不如意的事情,还无法向人诉苦,对父母、兄弟姐妹、妻子、儿女都无法讲,这都是人生体验来的。又有两句说:"十有九输天下事,百无一可意中人。"这也代表个人,十件事九件都失意,一百个人当中,还找不到一个是真正的知己。这就说明了孔子深通人生的道理,事实上"毋必",说想必然要做到怎样,世界上几乎没有这种事,所以中国文化的第一部书——《易经》,提出了八卦,阐发变易的道理。天下事随时随地,每一分钟、每一秒钟都在变，宇宙物理在变、万物在变、人也在变；自己的思想在变、感情在变、身心都在变，没有不变的事物。我们想求一个不变、固定的，不可能。孔子深通这个道理，所以他"毋必"，就是能适变、能应变。

——《论语别裁》

平安就是福

以出世的精神
做入世的事业

"乘物以游心"就是有修养的有道之士,以大乘之道的精神和原则,处理世间的事务;生活在这个物质世界,保持一个超然的观念,这就是现在流行的一句名言,"以出世的精神,做入世的事业",抱着一种游戏人间的心情去做事。所谓游戏不是吊儿郎当,是自己非常清醒,心情非常解脱,不要被物质所累,该做就做了,也就是佛学所谓的解脱,那样才是"乘物以游心"。

——《庄子諵譁》

万事不执著

列子回家给太太煮饭,"于事无与亲",这是应帝王第一个秘诀,入世的秘诀。有道之士到这个世界做人做事,做任何事都是无与亲,不亲。不亲是什么?就是佛学里的不执著,不抓得很牢。该做生意就去做,人生应该做的就去做,做完了,行云流水,游戏人间;一切善事都做,做完了不执著,不抓得很牢。对自己生命更不要抓得很牢;年纪大了,总有一天再见,再见就再见,没有什么关系,一切听其自然,万事不执著,这样才能够入世。

——《庄子諵譁》

良田千顷
不如一技在身

人要自立,自己先要站起来,己立而后立人。一个人要学谋生的技能,先要看自己的所长,学个专长。最可怜的是无专长,像我们年轻时前辈老师们骂我们的,"肩不能挑担,手不能提篮"。读书人最可怜了,不能做劳工,只会嘴巴吹牛混生活。古人说,良田千顷不如一技在身,这是非常重要的观念。

——《列子臆说》

水利万物而不争

水,具有滋养万物生命的德性。它能使万物得它的利益,而不与万物争利。例如古人所说:"到江送客棹,出岳润民田。"只要能做到利他的事,就永不推辞地做。但是,它却永远不要占据高位,更不会把持要津。俗话说:"人往高处爬,水向低处流。"它在这个永远不平的物质的人世间,宁愿自居下流,藏垢纳污而包容一切。所以老子形容它,"处众人之所恶,故几于道",以成大度能容的美德。因此,古人又有拿水形成的海洋和土形成的高山,写了一副对联,作为人生修为的指标:"水唯能下方成海,山不矜高自及天。"

——《老子他说(初续合集)》

求缺 ◂094

人生是一个没有结论的人生,而这个没有结论的人生,永远是缺憾的。佛学里对这个世界叫作"娑婆世界",翻译成中文就是能忍许多缺憾的世界。像男女之间,大家都求圆满,但中国有句老话,吵吵闹闹的夫妻,反而可以白首偕老。这个世界就是一个缺憾的世界。但是也有人通了的,晓得这个世界本来就是个缺憾的世界。像曾国藩在晚年,就为他的书房命名为"求阙斋",要求自己有缺憾,不要求圆满。太圆满就完了,做人做事要留一点缺憾。

——《论语别裁》

平安就是福

名利本为浮世重
古今能有几人抛

古人有两句话:"名利本为浮世重,古今能有几人抛。"古人认为世界上名利是虚浮的,但是,世人都是为了求名求利。你们既然在这个高级工商研究班里头,我倒想起一个人来,想起日本明治维新的宰相伊藤博文。日本、韩国把他们的文化叫作东方文化,其实都是中国文化。伊藤博文年轻时出来有两句话,作为自己人生的目标,"计利应计天下利,求名当求万世名"。这是他青年的立志,最后做了明治维新的宰相,实现了他的人生目标。我常常问人,许多同学们讲读书求学,到现在为止,你人生的目标、读书的目标,究竟是为了什么?求什么?这是一个人生观的问题。结果我问了许多老中青的朋友们,讲了半天,没有人生观,都是跟着大家走。那叫作随波逐流,跟着时代的浪潮随便转,这是很有问题的。

——《南怀瑾演讲录:2004—2006》

为你之所用
非你之所有

◀ 096

人类文化的人生哲学角度来讲,"名、利、财、货","富贵功名","权位金钱",都只是在生存、生活上,一时一地的应用条件而已。它的本身,只能作为临时临事所需要支配的机制,根本上,它都非你之所有,只是一时一处归于你之所属,偶尔拥有支配它的权利而已,并非究竟是归于你的所有。因为你的生命也和"功名富贵"那些现象一样,只是暂时偶然的存在,并非永恒不变的永生。可惜那些大如开国的帝王们,小如一个平民老百姓,大都不明白"货悖而入者,亦悖而出"的因果法则,都以为那是我所取得的,而且千秋万代都应统属于我的所有。谁知恰恰相反,翻而变成后世说故事的话柄,惹得人们的悲欢感叹而已。如果能够在这个利害关头,看得破,想得开，拿得稳，放得下的，就必须先要有"知止而后有定"，乃至于"虑而后能得"的平素涵养功夫。尤其对于"物格""知至"的道理，是关于"内明""外用"的锁钥，更须明白，然后才能起用在"亲民"的大用上，完成"诚意、正心、修身、齐家、治国、平天下"的功德。

——《原本大学微言》

知止不殆

◀ 097

不知足,是说人的欲望永远没有停止,不会满足,所以永远在烦恼痛苦中。"知止不殆",人生在恰到好处时,要晓得刹车止步,如果不刹车止步,车子滚下坡,整个完了。人生的历程就是这样,要在恰到好处时知止。所以老子说,"功成、名遂、身退",这句话意味无穷,所以知止才不会有危险。这是告诉我们知止、知足的重要,也不要被虚名所骗,更不要被情感得失蒙骗自己,这样才可以长久。

——《老子他说(初续合集)》

藏器于身
待时而动

你要成就一番事业,要先问问自己本身的条件够不够。首先你要"藏器于身",本身要有本事,有条件,如果你说你有个朋友很能干,有个老师会帮你,那是空的;你说你有个好太太,也靠不住啊!也许明天就跟你离婚了!这些都靠不住,甚至连你自己也靠不住。天下事就是如此,各位千万要注意。所以要"藏器于身,待时而动",这是很深刻的道理。

——《易经系传别讲》

成大事者话不多 ◀ 099

当处大事的时候,不要乱说,要说就"言必有中",像射箭打靶一样,一箭出去就中红心,说到要点上去。历史上称有成就的人"沉默寡言",就是一个人"俭"德的描写。成大事的人很少说话,讲出来一两句话,扼要简单,解决了一切问题。既不沉着,话又多的人,那就免谈成什么大事了。

——《论语别裁》

能受天磨真铁汉 ◀ 100

我们人生的遭遇,没有哪一件不是来磨练你的。能经得起磨练,就是大丈夫。如果被磨练垮了,就完了。所以说"能受天磨真铁汉,不遭人嫉是庸才"。

一个人出来做事如果没人嫉妒你,那这人是个笨蛋。又能干又有本事的,一定有人吃醋被人讨厌,在团体里没有人讨厌妒嫉的,就晓得这家伙一定是无用的东西。有你不多,没你也不少,这样一个人一定是个闲家伙。

——《维摩诘的花雨满天》

天机清旷长生海
心地光明不夜珠
南怀瑾

快乐痛苦皆无住   ◂ 101

禅宗经常用一句话,放下,就是丢掉了。做了好事马上丢掉,这是菩萨道;相反的,有痛苦的事情,也是要丢掉。有些人说,好事我可以丢得,就是痛苦丢不掉啊!

实际上,好事跟痛苦是一体的两面而已,一个是手背,一个是手心。假使说,好事他能够真丢开的话,痛苦来一样可以丢开,所以痛苦也是一个很好的测验。如果一个人碰到烦恼、痛苦、逆境的时候丢不开,说他碰到好事能丢得开,那是不可能的。

儒家经常告诫人,不要得意忘形,这是很难做到的。一个人发了财,有了地位,有了年龄,或者有了学问,自然气势就很高,得意就忘形了;所以,人做到得意不忘形很难。但是以我的经验还发现另一面，有许多人是失意忘形，这种人可以在功名富贵的时候，修养蛮好，一到了没得功名富贵玩的时候，就都完了，都变了，自己觉得自己都矮了，都小了，变成失意忘形。

所以得意忘形与失意忘形，同样都是没有修养，都是不够的；换句话说，是心有所住，有所住，就被一个东西困住了，你就不能学佛了。真正学佛法，并不是叫你崇拜偶像，并不是叫你迷信，应无所住而行布施，是解脱，是大解脱，一切事情，物来则应，过去不留。

——《金刚经说什么》

柔

"常胜之道曰柔",柔是常胜之道,谦虚也就是至柔,做人脾气好也是柔;"常不胜之道曰强",自己好强、好胜,希望永远出人头地,就是不常胜之道。你们看人生,有很多人个性至强,总想出人头地,就凭这个个性做法就完了。所以常胜之道是柔,自认为一切不如人,一切退一步,最后成功是自己。

——《列子臆说》

变

宇宙间的事没有绝对的,而且根据时间、空间换位,随时都在变。任何一件事,没有绝对的好坏,因此看历史,看政治制度,看时代的变化,没有什么绝对的好坏。就是我们拟一个办法,处理一个案件,拿出一个法规来,针对目前的毛病,是绝对的好。但经过几年,甚至经过几个月以后,就变成了坏的。所以真正懂了其中道理,知道了宇宙万事万物都在变,第一等人晓得要变了,把住机先而领导变;第二等人变来了跟着变;第三等人变都变过了,他还在那里骂变,其实已经变过去了,而他被时代遗弃而去了。

——《历史的经验》

做人的艺术 ◂104

什么是做人最高的艺术呢?就是不高也不低,不好也不坏,非常平淡,"和其光,同其尘",平安地过一生,最为幸福。

——《老子他说(初续合集)》

享受寂寞　　◀ 105

我常告诉青年同学们,一个人先要养成会享受寂寞,那你就差不多了,可以了解人生了,才体会到人生更高远的一层境界。

——《金刚经说什么》

清福　　◀ 106

　　清净的福叫作清福,人生洪福容易享,但是清福却不然,没有智慧的人不敢享清福。

　　事实上,平安无事,清清净净,就是究竟的福报。

——《金刚经说什么》

乐天知命

◀ 107

中国文化对于人生最高修养的一个原则有四个字,就是"乐天知命"。乐天就是知道宇宙的法则,合于自然;知命就是也知道生命的道理,生命的真谛,乃至自己生命的价值。这些都清楚了,"故不忧",没有什么烦恼了。

所谓学易者无忧,因为痛苦与烦恼、艰难、困阻、倒楣……都是生活中的一个阶段;得意也是。每个阶段都会变去的,因为天下事没有不变的道理。等于一个卦,到了某一个阶段,它就变成另外的样子。就如上电梯,到某一层楼就有某一层的境界,它非变不可。因为知道一切万事万物非变不可的道理,便能随遇而安,乐天知命,永远是乐观的人生。

——《易经系传别讲》